M. RAJASEKAR

MONOGRAFIA SOBRE O 9, 9'-SPIROBIFLUORENE

M. RAJASEKAR

MONOGRAFIA SOBRE O 9, 9'-SPIROBIFLUORENE

Imprint

Any brand names and product names mentioned in this book are subject to trademark, brand or patent protection and are trademarks or registered trademarks of their respective holders. The use of brand names, product names, common names, trade names, product descriptions etc. even without a particular marking in this work is in no way to be construed to mean that such names may be regarded as unrestricted in respect of trademark and brand protection legislation and could thus be used by anyone.

Cover image: www.ingimage.com

This book is a translation from the original published under ISBN 978-620-2-31360-5.

Publisher:
Sciencia Scripts
is a trademark of
Dodo Books Indian Ocean Ltd. and OmniScriptum S.R.L publishing group

120 High Road, East Finchley, London, N2 9ED, United Kingdom
Str. Armeneasca 28/1, office 1, Chisinau MD-2012, Republic of Moldova, Europe
Printed at: see last page
ISBN: 978-620-5-77505-9

Conteúdos

1. INTRODUÇÃO

Os compostos espiro são agora um dos tipos mais comuns de Semicondutores Orgânicos (OSCs) utilizados em electrónica. [1, 2] Desde que o grupo de Salbeck demonstrou o "conceito spiro" nos anos 90, o 9,9'-spirobifluoreno (SBF, 1) tornou-se um andaime molecular chave na electrónica orgânica. A figura 1 mostra SBF, que é a associação de duas unidades de fluoreno *através de* um espirocarbifluoreno comum. Tem uma geometria tridimensional única, com as duas unidades de fluoreno dispostas em dois planos ortogonais. A capacidade do fragmento de SBF para melhorar as qualidades térmicas e morfológicas da OSC na qual foi injectado é uma das suas características únicas. [3] Como um fluoróforo ou um material hospedeiro elevado de trigémeos para fosforos, o andaime SBF encontra-se em muitos OSC altamente eficientes, particularmente para os Díodos Orgânicos Emissores de Luz (OLED). [4] O fragmento de SBF também desempenhou um papel crucial no campo das células solares, uma vez que o amplamente utilizado 2,2',7,7'-tetrakis[N, N-di(4-metoxifenil)amino]-9,9'-spirobifluoreno (Spiro-OMeTAD), que é utilizado como material portador de furos, construído sobre um núcleo de SBF. [5] Novas aplicações electrónicas baseadas nos benefícios da geometria em forma de cruz do fragmento SBF começaram a surgir na literatura, tais como aceitadores de não-fullereno em células solares, [6] estruturas nanografadas de espirofluoreno, e monocamadas encomendadas. [7] De um ponto de vista mais fundamental, a configuração ortogonal gerada pelo carbono spiro permite a criação de moléculas forma-permanentes com configurações precisas, que têm ramificações eléctricas únicas. [8, 9] Pode fornecer certas características como energia triplet mais elevada, temperatura de transição vítrea elevada, temperatura de decomposição estável e correspondência dos valores de energia orbital molecular de fronteira (FMO) com as camadas adjacentes. A energia trigémea mais elevada do espirobifluoreno causada pela desconexão conjugada através do seu carbono sp3 e estrutura não coplanar torcida pode impedir a interacção intermolecular para suportar a formação estável do filme durante o processo de fabrico do dispositivo.

3

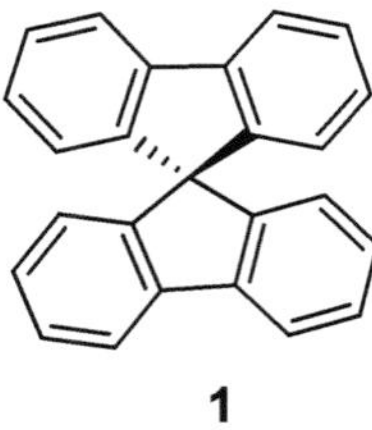

1

Figura 1. Nomenclatura do 9,9'-Spirobifluorene **(SBF)**

Além disso, o campo de aplicação do andaime SBF não se limita apenas à electrónica; também tem sido utilizado como ligante quiral, [10] bloco de construção electropolimerizável, [11] homogéneo e também como catalisador heterogéneo, ou como unidade de construção em polímeros de coordenação, [12], demonstrando a versatilidade do fragmento. Fora da electrónica orgânica, o andaime SBF foi pesquisado para aplicações adicionais interessantes, tais como marcadores fluorescentes para biomoléculas, ligandos quirais, e catalisadores em reacções químicas homogéneas ou heterogéneas, demonstrando a versatilidade da plataforma. [13, 14] A presente monografia relata o estado da arte desta família emergente de moléculas, nomeadamente os espirobifluorenos (SBFs) no que diz respeito à sua síntese e aplicações biomateriais.

2. AUTO-MONTAGEM À BASE DE ESPIROBIFLUORENO

Um ligando tris(bipiridina) (**2**) é submetido a uma auto-montagem completamente diasterelectiva em helicópteros trinucleares de fio duplo simétrico D2 em coordenação com iões de cobre(I) e prata(I) e em helicópteros trinucleares de fio triplo simétrico D3 em coordenação com helicópteros de cobre(II), zinco(II), e iões de ferro(II) como demonstrado pela espectrometria de massa, NMR e espectroscopia de CD em combinação com cálculos químicos quânticos e análise de difracção de raios X. [15] Os diastereómeros únicos que se formam durante o processo de auto-montagem são fortemente preferidos em comparação com os diastereómeros estáveis seguintes. Devido a esta forte preferência, a auto-montagem dos helicópteros a partir de racemo procede de uma forma completamente narcísica de auto-selecção com um grau extraordinariamente elevado de auto-selecção que prova o poder e a fiabilidade desta abordagem para alcançar uma auto-montagem diasterelectiva de alta fidelidade *através de* auto-selecção quiral para obter acesso a objectos nanoescalados estereochemicamente bem definidos. Além disso, os métodos de espectrometria de massa, incluindo as experiências MSn de captura de electrões, poderiam ser utilizados para elucidar o comportamento redox dos helicópteros de cobre são mostrados na **Figura 2a**. Além disso, uma abordagem simples para o fabrico de superfícies fluorescentes em suportes sólidos, que podem ser utilizados como sensores de proteínas **3**. Com base em interacções electrostáticas, lâminas de vidro ou de quartzo cobertas com o polímero catiónico podem ser usadas como modelos para depositar fluoróforo de espirobifluoreno concebido.

a)   b)

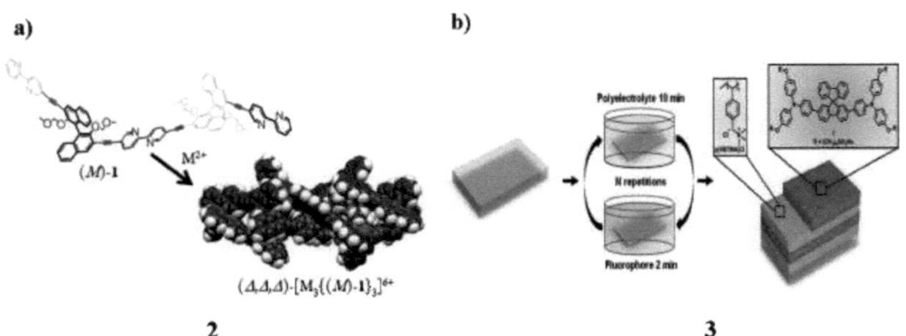

2   3

Figura 2. a) Estrutura do helicóptero trinuclear de três cordões (**2**). b). Representação esquemática da formação multicamadas em suportes de vidro utilizando polielectrólito p(VBTMA)Cl e corante (**3**).

Além disso, a presença simultânea de interacções aromáticas intermoleculares e electrostáticas entre as camadas desempenha um papel fundamental na montagem supramolecular. A possibilidade de utilizar estes suportes sólidos funcionalizados para detectar a presença de BSA empregado como proteína modelo, mesmo utilizando um curto tempo de incubação. O fluoróforo **3** parece acessível para BSA também na interface e mostra um notável aumento fluorescente ao interagir com a região de ligação do BSA. O fluoróforo oferece uma nova estratégia para a concepção de sensores de estado sólido para a detecção sem rótulo são mostrados na **Figura 2b**. [16]

Um precursor do espirobifluoreno (**4**), que podia ser purificado por cromatografia de gel de sílica, foi sintetizado com sucesso *através de* uma nova via recentemente desenvolvida usando MBAS. [17] A policondensação ácida sol-gel dos precursores de alilsilano produziu películas organosilicas meso-estruturadas. O carbono spiro foi eficaz na formação de uma estrutura organosilica estruturalmente estável e exibindo uma fluorescência eficiente. Estes resultados demonstraram a adequação do MBAS para utilização na concepção de vários precursores organosilanos funcionais destinados à preparação de PMO altamente funcionais é mostrada na **Figura 3a**. Além disso, a síntese de ligandos dissimétricos bis(4-piridil) (*R*)- e (*rac*)-**5** baseados no andaime 9,9'-spirobifluoreno em forma racémica e opticamente pura e um derivado dimetilado (*S)* intimamente relacionado com a massa são mostrados na **figura 3b**. [18] Estes ligandos auto-montagem em dinuclear Metallo-supramolecular [(dppp) M_{22} (L)$_2$](OTf)$_4$ rhombi na coordenação para [(dppp)Pt(OTf)$_2$] respectivamente. Curiosamente, estes processos de auto-montagem prosseguem com uma auto-classificação diasterelectiva significativa *através do* auto-reconhecimento narcisista preferido, amplificando a formação das montagens homocirais por um factor de aproximadamente três. Juntamente com os resultados obtidos para outros ligandos bis(piridina) derivados de outros andaimes rígidos como as bases de Troger ou 2,2'-dihidroxi- 1,1'-binaftils, isto sugere que o ângulo de curvatura dos ligandos em forma de V parece ser um factor geral crucial que tem de ser ajustado cuidadosamente para se obter uma autoclassificação (de alta fidelidade). Ângulos superiores a 105° causam uma pré-organização desfavorável da estrutura dos ligandos, levando assim a processos não selectivos de auto-montagem, enquanto ângulos mais pequenos de cerca de 90-105° levam à autoclassificação quiral. Os ligandos **5** fornecem mais provas de que os ângulos na extremidade inferior desta gama conduzem a um auto-reconhecimento preferido.

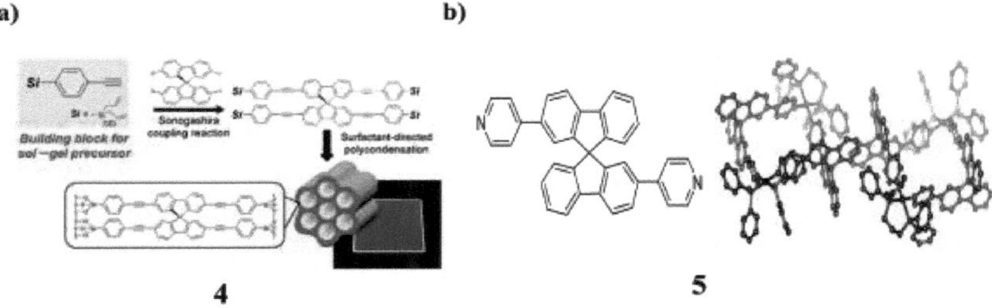

Figura 3. a). Estrutura do precursor de spirobifluorene-bridado de alisilano para organosílica mesoporosa periódica (**4**). b). Auto-montagem de rhombi metalo-supramolecular de 9,9'-spirobifluoreno derivado de bis(piridina) ligando (**5**).

As heterojunções a granel com configurações de nível energético tipo cascata (**6**) são de interesse significativo para melhorar ainda mais a eficiência da conversão de energia (PCE) das células solares orgânicas. No entanto, o controlo da auto-montagem em misturas ternárias processadas por solução continua a ser um desafio fundamental. A capacidade de controlar a cristalinidade dos semicondutores moleculares *através de* um ligador spiro para demonstrar uma estratégia simples sugerida para impulsionar a auto-montagem de uma morfologia ideal de cascata de carga. Os derivados de espirobifluoreno com níveis de energia optimizados a partir de componentes de diquetopirrolopirrol (DPP) ou diimida de perileno (PDI), codificados como SF-(DPP)$_4$ e SF-(PDI)$_4$, são sintetizados e investigados para aplicação como componentes ternários na mistura hospedeira de poli(3- hexiltiofeno-2,5-diil):[6,6]fenil-C61-éster metílico do ácido butírico (P3HT: PCBM) são mostrados na **Figura 4a**. Estudos de calorimetria de varrimento diferencial e de raios X/ difracção de electrões sugerem que a baixas cargas o componente ternário não perturba a cristalização do doador: mistura hospedeiro aceitador. Em dispositivos fotovoltaicos, verifica-se uma melhoria até 36% no PCE (de 2,5% para 3,5%) quando se adiciona 1 wt % de SF-(DPP)$_4$ ou SF-(PDI)$_4$, e isto é atribuído a um aumento no factor de enchimento e na tensão de circuito aberto, enquanto que em cargas mais elevadas, o PCE diminuiu devido a uma menor densidade de corrente de curto-circuito. Uma comparação das medições de eficiência quântica sugere que é improvável uma melhoria devido a uma melhor absorção de luz ou a uma melhor recolha de excitação *através da* transferência de energia por ressonância. Estes dados, juntamente com os resultados da cristalinidade, apoiam a inferência de que os compostos SF estão excluídos do doador: interface de aceitação através da cristalização da mistura hospedeira. [19]

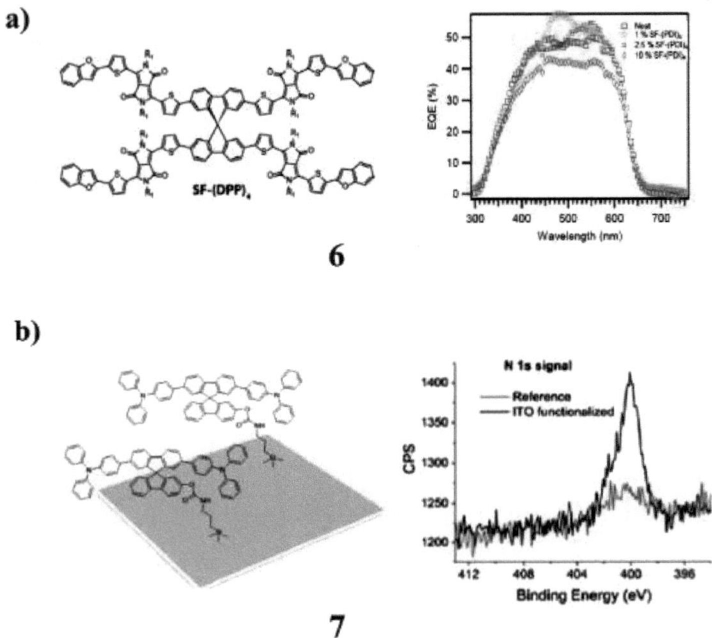

Figura 4. a). Eficiência quântica externa para a mistura hospedeira P3HT.PCBM e contendo quantidades variáveis de SF-(PDI)₄ (**6**). b). Electroquímiluminescência em estado sólido a partir de monocamadas homogéneas e padronizadas de espirobifluoreno bifuncional (**7**).

A modificação de uma superfície ITO usando SAM de um corante à base de espirobifluoreno (**7**) ou cultivado de forma homogénea ou padronizado *via* MIMIC. Juntamente com uma caracterização completa dos substratos funcionalizados, a investigação das propriedades de ECL sobre um corante orgânico puro no estado sólido. Os dados validam a estratégia de auto-montagem, abrindo novas oportunidades no campo das aplicações de electrochemiluminescência multicolor no estado sólido são mostrados na **Figura 4b**. [20]

Nas fracas interacções hidrofóbicas, opção bastante pouco convencional e até agora parcialmente reduzida para a codificação múltipla dos processos de auto-montagem de sistemas artificiais. São muito poderosos para gerar arquitecturas compactas no estado sólido.

A informação molecular conferida pelo 9,9′-spirobifluorenes é promovida a nível supramolecular *através* da embalagem molecular de vários substitutos de geometria variável e polaridade, orientando as superfícies hipersuperfícies externas van der Waals das moléculas de uma forma muito adaptativa. A cristalização favorece adaptativamente a formação de clusters tetraméricos ou hexamericanos que permitem o empacotamento molecular mais próximo, optimizando assim as interacções hidrofóbicas. A homociralidade no estado sólido do composto **8** é promovida pela disposição espacial assimétrica dos substituintes moleculares que posicionam as plataformas 9,9′-spirobifluorene para interagir *através das* suas superfícies hipersuperfícies externas van der Waals nos hexameres supramoleculares da mesma quiralidade. A robustez dos contactos hidrofóbicos multivalentes é responsável pela transmissão da ordem supramolecular homociral. Processos de embalagem semelhantes entre superfícies biológicas quirais controlam as funções do canal iónico da gramicidina A, a auto-montagem das fibras de colagénio, e o vírus do mosaico do tabaco são mostrados na **Figura 5a.** [21]

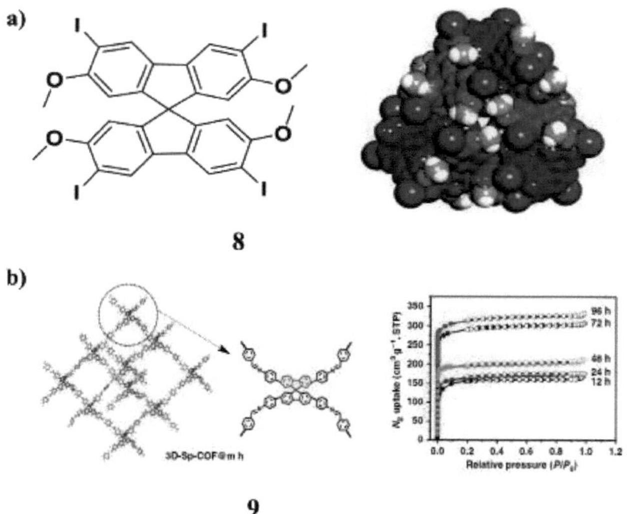

Figura 5. a) Representações CPK de 9,9′-spirobifluorenes (**8**). b). Ilustração esquemática para as isotermas de adsorção-desorção N_2 de 3D-Sp-COF@m h (**9**).

Um conjunto de 3D-Sp-COFs (**9**) altamente conjugado foi concebido e sintetizado, começando pela tetra-amina tetraédrica e pelo tereftalaldeído com estruturas de núcleo espirobifluoreno como os blocos de construção através de reacções de condensação imine são mostrados na **Figura 5b**. [22] Os padrões PXRD e estudos de modelagem demonstraram que estes COFs 3D são redes de diamante microporosas (dia-c7) com simetria I41/AMD. Notavelmente, os cristais 3D-Sp-COF auto-montados em microesferas ocas uniformes com distribuição de tamanho estreito (500-700 nm) e grande superfície ($1016 m2 \ g^{-1}$), que foram provados por investigações SEM, TEM, EDS, e BET. O mecanismo de formação de esferas ocas foi estudado utilizando um método de rastreio detalhado em tempo real, indicando que a formação de esferas ocas é o resultado do mecanismo de amadurecimento de Ostwald. Nas células simétricas Li/3D-COF/Li, as vias de condução de iões fornecidas pelo COF 3D são benéficas para melhorar o transporte de iões e o t^+ do 3D-Sp-COF aproximou-se de 0,7. O valor ultrapassa a maior parte dos electrólitos poliméricos típicos baseados em PEO e é mesmo comparável ao dos sistemas de electrólitos de iões de sinal. Devido à grande superfície e à arquitectura esférica oca, o COF 3D mostra uma elevada capacidade específica de 251 F g^{-1} a uma densidade de corrente de 0,5 A g^{-1}, que é superior à grande maioria dos COF 2D e outros materiais de eléctrodos porosos. Notavelmente, a capacidade específica aumenta drasticamente com o número de ciclos, atingindo um máximo de 364 F g^{-1} no 6000º ciclo devido à activação das esferas ocas por humedecimento. Este estudo proporciona uma estratégia de modulação morfológica viável para melhorar as características electroquímicas, o que proporciona uma visão profunda da concepção e síntese de materiais de eléctrodos eficientes e estáveis para aplicações de armazenamento de energia.

3. SPIROBIFLUORENE BASED SENSOR

Com o crescente desenvolvimento industrial, os iões de metais pesados têm sido amplamente libertados, e a detecção de fluorescência é uma abordagem eficaz devido à sua elevada selectividade e sensibilidade. O sensor luminescente hidrossolúvel (**10**) baseado num polímero de imidazólio à base de espirobifluoreno (IMSPF-Br-COOH) (**Figura 6a**) é desenvolvido a partir de tetraimidazol espirobifluoreno e ácido 3-Bromo-2-bromometilpropiónico através de uma reacção de quaternização. O IMSPF-Br-COOH tem uma rede catiónica de imidazolium e grupos de coordenação carboxil. Consequentemente, o têmpera fluorescente do IMSPF-Br-COOH exibe uma elevada selectividade para Fe^{3+} e Cr O_{27}^{2-} *através da* coordenação e troca de aniões. O coeficiente de têmpera correspondente (K_{sv}) é de $2,0772 \times 10^3$ L mol^{-1} para Fe^{3+} e $1,0081 \times 10^4$ L mol^{-1} para Cr O_{27}^{2-}. O limite de detecção (LOD) é calculado em 170,56 µmol L^{-1} para Fe^{3+} e 100,81 µmol L^{-1} para Cr O_{27}^{2-}. [23] Novo derivado do espirobifluoreno (**11**), que contém dois grupos de bissulfonamido, mostrou uma fluorescência selectiva de têmpera por íon Cu(II) com o limite de detecção de 98,2 nM. Um sinal fluorescente invertido após a adição de EDTA e as constantes de Stern-Volmer dependentes da temperatura suportaram o mecanismo de têmpera de ligação estática. Além disso, uma mistura deste sensor e Cu(II) pode ser utilizada como um sensor selectivo de ligação para a detecção do ião CN^- com um limite de detecção de 390 nM. A aplicação para análise quantitativa do íon CN^- de picos em amostras reais de água resultou em boas recuperações (**Figura 6b**). [24]

a)   b)

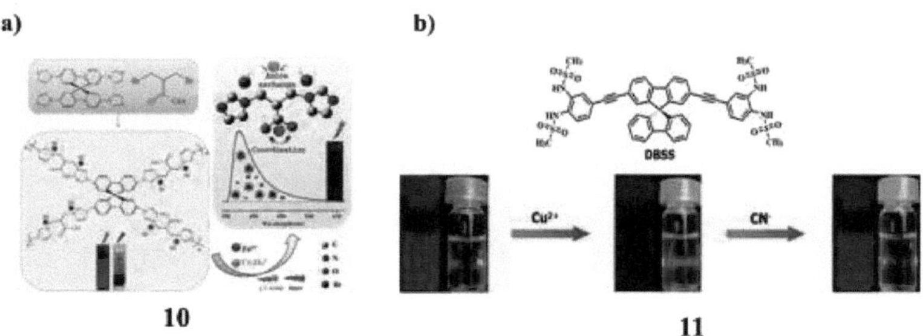

10   **11**

Figura 6. a). Polímero de imidazólio hidrossolúvel à base de espirobifluoreno para detecção de luminescência (**10**). b). Sensor fluorescente para iões de cobre(II) e cianeto *através* da complexação-descomplexação (**11**).

A estrutura 3D metal-orgânica Ca-SBF (**12**) baseada num oxocluster de cálcio tetranuclear em forma de ziguezague e 9,9'-spirobi[9H-fluoreno]-2,2',7,7'-tetracarboxílico foi obtida e exibiu topologia de gripe. O Ca-SBF foi submetido a uma transformação monocristalino a monocristalino para formar o Ca-SBF-1 com uma ligeira retracção da estrutura. O Ca-SBF activado mostrou porosidade permanente e propriedades de adsorção de CO_2 . Um sensor de microbalança de cristal de quartzo modificado com Ca-SBF demonstrou uma resposta selectiva ao vapor de tolueno (**Figura 7a**). [25] Além disso, duas sondas à base de espirobifluoreno para Zn^{2+} (**13**) foram desenvolvidas tirando partido da sua característica AIEE. O mecanismo de detecção é atribuído ao comportamento AIEE mediado pela quelação do **FPS**. O **SPF-1** foi utilizado com sucesso para a imagem intracelular Zn^{2+} e o **SPF-2** para a imagem de células fluorescentes de dois fótons. Os resultados demonstraram que o espirobifluoreno é um bloco de construção ideal para sondas baseadas em AIEE. (**Figura 7b**). [26]

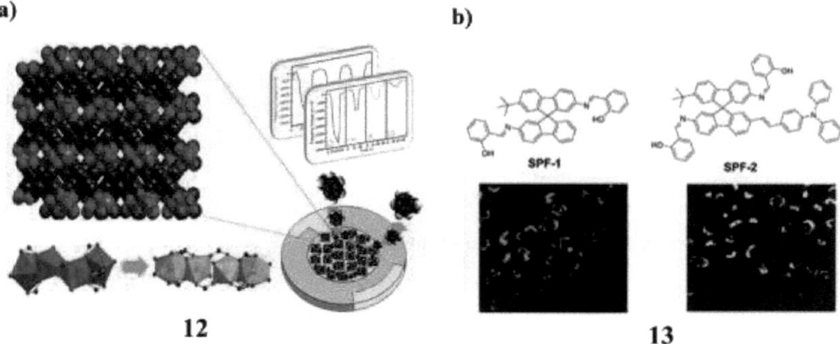

Figura 7. a). Estrutura do espirobifluoreno de cálcio em 3D, estrutura metalo-orgânica (**12**). b). Estrutura de duas sondas fluorescentes à base de espirobifluoreno (**13**).

O SP-3D-COF-BPY (**14**) é baseado em blocos ortogonais de construção SP de duplo plano e bipiridina como os locais de coordenação metálica construídos. A estrutura de diapenetração interpenetrada sétupla foi revelada pela análise PXRD juntamente com a simulação estrutural. A estrutura ortogonal única das unidades de SP resultou em canais altamente lisos e desobstruídos. Pd(II) podia ser selectivamente ancorado aos sítios de coordenação bipiridina na matriz SP-3D-COF-BPY e resultou numa excelente eficiência catalítica para as reacções de acoplamento Suzuki-Miyaura. Entretanto, o Pd(II)@SP-3D-COFBPY mostrou uma excelente estabilidade e reciclabilidade. Este trabalho expandiu a aplicação em catálise heterogénea de materiais de COF 3D porosos altamente ordenados como suportes catalíticos metálicos. Os materiais 3D COF com estrutura periódica e vários canais à escala molecular levaram a uma excelente eficiência, estabilidade e reciclabilidade para catálise heterogénea (**Figura 8a**). [27] Além disso, um sensor H_2 S (**15**) baseado num transistor de efeito de campo polimérico mostra alta sensibilidade, excelente selectividade, resposta rápida, e boa estabilidade operacional. Foi detectada uma concentração tão baixa como 1 ppb H_2 S, que é até à data o sensor H_2 S mais sensível baseado na película semicondutora orgânica. O desbaste da espessura da camada activa não melhora necessariamente a sensibilidade, mas leva à redução do desempenho, se a espessura for demasiado baixa. A análise mais aprofundada propõe um mecanismo de mudança da taxa de absorção e dessorção das moléculas de H_2 S é diferente, quando a espessura da camada activa varia, indicando a necessidade de optimização da espessura (**Figura 8b**). [28]

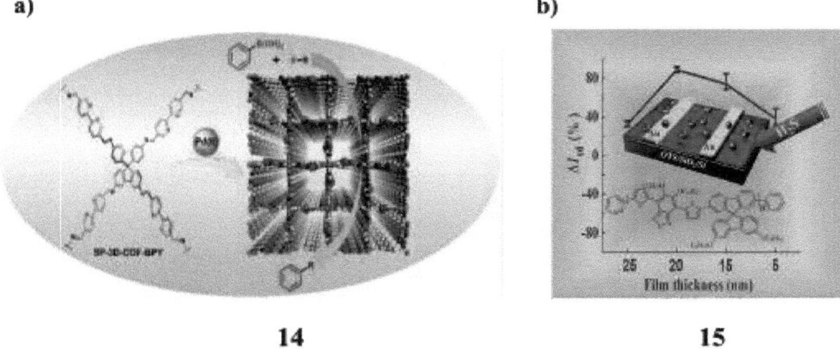

a)   b)

14   **15**

Figura 8. a). Estrutura de estruturas orgânicas tridimensionais covalentes à base de espirobifluoreno (**14**). b). Sensores H_2 S de alto desempenho baseados em transístores de polímeros (**15**).

Dois polímeros microporosos conjugados (**16**), TS-TAD e TS-TADP, foram construídos *através de* reacções de acoplamento Friedel-Crafts. O TS-TAD e o TS-TADP possuem elevada área de superfície BET de 828 e 783 m^2 g^{-1} , grande volume de poros de 1,51 e 0,54 cm^3 g^{-1} , boa estabilidade, e apresentam uma excelente absorção de hóspedes de 4,15 e 3,65 g g^{-1} em vapor de iodo bem como na adsorção reversível de iodo em solução. As áreas de superfície específicas das CMPs foram aumentadas pela introdução de anéis de bispirofluoreno, em comparação com os polímeros de origem correspondentes. O TS-TAD tem uma estrutura semelhante ao TS-TADP, mas possui uma área de superfície específica e valores de poros maiores do que o TS-TADP. Assim, o TS-TAD tem uma capacidade de adsorção de iodo mais elevada do que o TS-TADP. Além disso, a taxa de adsorção do TS-TAD é mais lenta do que a do TS-TADP em I_2 vapor, enquanto que é mais rápida do que a do TS-TADP em solução de ciclohexano. Salientamos também que ambos os CMPs resultantes apresentam um desempenho notável na detecção de fluorescentes a iodo e compostos nitroaromáticos, tornando assim os CMPs resultantes materiais absorventes ideais para a

17

captura reversível de iodo, detecção de iodo e compostos nitroaromáticos para abordar questões ambientais (**Figura 9a**). [29]

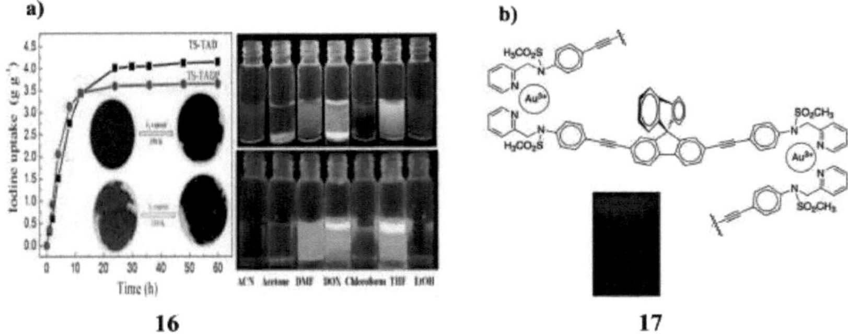

Figura 9. a). Estrutura do iodo de detecção fluorescente e dos compostos nitroaromáticos (**16**). b). Sensores fluorescentes para ião de ouro(III) de derivados de N-picolil sulfonamida espirobifluoreno (**17**).

Os derivados do espirobifluoreno (**17**) contendo grupos de picolil sulfonamida foram sintetizados com sucesso. Ambos os compostos mostraram um excelente têmpera selectiva fluorescente em direcção ao ião Au(III) com os limites de detecção de 9,8-86,8 nM em meios aquosos ácidos. O mecanismo de detecção envolveu uma complexação entre os sensores e o ião Au(III) que levou ao têmpera por fluorescência de agregação. Estes sensores podiam ser utilizados para a detecção de iões Au(III) em amostras de água reais com excelente precisão (**Figura 9b**). [30]

Uma sonda fluorescente de liga/desliga **SPF-S** (**18**) apresenta um grande valor de secção transversal de dois fotões e pode servir como uma sonda fluorescente de "resposta rápida" capaz de detecção selectiva de ClO^- e Hg^{2+}. Os limites de detecção eram inferiores aos dos sensores fluorescentes de dois fótons anteriormente relatados. O potencial da sonda para aplicação prática foi confirmado empregando-a para a imagem de fluorescência de dois fótons em células cancerosas humanas (**Figura 10a**). [31] A discriminação enantioselectiva dos carboxilatos utilizando ligação metal-carboxilato num receptor novo à base de espirobifluoreno quiral (**19**). A presença de coordenação zinco(II)-carboxilato e a ligação de hidrogénio entre os receptores de carboxilato e o receptor quiral produzem uma capacidade de reconhecimento muito forte no interior da cavidade. Em particular, o espaçador diamina quiral produz uma cavidade quiral no interior do receptor, que pode ser a principal força motriz da ligação diferencial de enantiómeros de carboxilatos e, portanto, leva a uma alta gama de enantioselectividade (de 1,6 a 22) para uma série de carboxilatos quirais. Estes resultados sugerem que uma maior ligação enantioselectiva dos carboxilatos quirais pode ser conseguida através da utilização da coordenação metal-carboxilato, que pode ser útil para a separação enantioselectiva do ácido carboxílico (**Figura 11b**). [32]

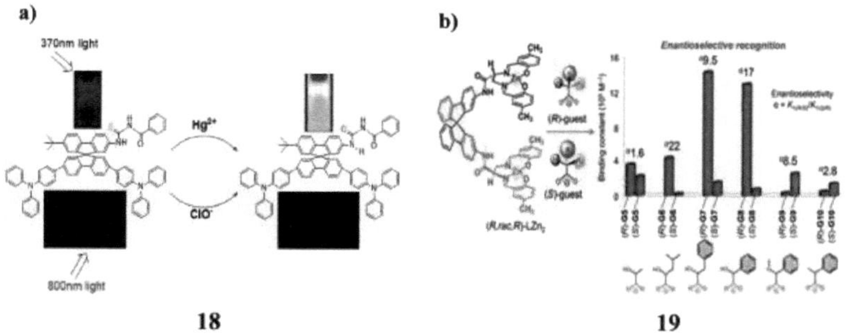

Figura 10. a). Sonda fluorescente derivada do espirobifluoreno para detecção rápida de hipoclorito e iões de mercúrio (**18**). b). Receptor de bis(salen) zinco(II) à base de espirobifluoreno quiral para a ligação altamente enantioselectiva de carboxilatos quirais (**19**).

4. CÉLULA SOLAR À BASE DE ESPIROBIFLUORENO

N-Substituição em semicondutores do tipo n de perileno-diimida (PDI) é fundamental para o seu desempenho em células solares orgânicas de heterojunção a granel. Os derivados de perileno diimido-spirobifluoreno (**20**) foram N-substituídos com diferentes grupos alquilo laterais. Estes sistemas moleculares foram obtidos por métodos rentáveis, utilizando procedimentos sintéticos simples e de fácil purificação. Estes derivados de PDI foram utilizados como materiais aceitadores de electrões, misturados com um polímero doador à base de quinoxalina benzoditiofeno de referência, em células solares de heterojunção a granel. Todos os dispositivos foram processados por revestimento de lâmina no ar e também utilizando solventes não clorados. As três moléculas apresentaram níveis de energia HOMO/LUMO idênticos e propriedades ópticas muito semelhantes, mas respostas fotovoltaicas diferentes. Estas diferentes performances foram discutidas através de caracterizações ópticas, eléctricas, e morfológicas. A maior eficiência de conversão de energia foi alcançada para a camada activa baseada na derivada com grupos alquilo ramificados e mais longos em N-posições, o que favoreceu uma morfologia com o doador reduzido: segregação da fase aceitante (**Figura 11a**). [33] Além disso, o aceitador de electrões espirobifluoreno não-fullereno, SF(DPPB)$_4$, (**21**) foi concebido e sintetizado. O SF(DPPB)$_4$ possui uma configuração molecular cruciforme, que assegura a separação de fase fina na camada activa dos CPS. Além disso, o SF(DPPB)4 também exibe bandas de absorção apropriadas e níveis de energia combinados com P3HT. Devido à boa morfologia e um *Voc* excepcionalmente elevado de 1,14 V, os PSCs baseados no P3HT:SF(DPPB)$_4$ filmes combinados fornecem o melhor PCE de 5,16%. P3HT: SF(DPPB)$_4$ também mostram uma excelente estabilidade térmica após tratamento térmico a 150° C por até 3 h. (**Figura 11b**). [34]

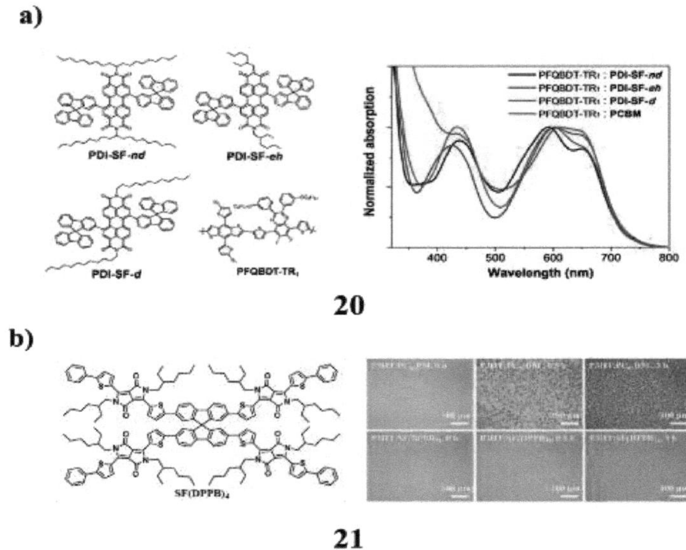

Figura 11. a). Espectros de absorção dos aceitadores de PDI-SF-nd, PDI-SF-eh, e PDI-SF-d **(20).** (b). A estabilidade dos PCEs para os dispositivos baseados em P3HT:SF(DPPB)₄ **(21).**

A síntese e avaliação preliminar como material doador para a fotovoltaica orgânica do poli(diketopyrrolopyrrole-spirobifluorene) **(PDPPSBF) (22)** *através da* polimerização directa (hetero)arilacional (DHAP) homogénea e heterogénea, através da utilização de diferentes sistemas catalíticos, foram obtidos polímeros conjugados com pesos moleculares comparáveis. Os polímeros exibiam uma forte absorção óptica a 700 nm como a de filmes finos e tinham níveis adequados de energia electrónica para a sua utilização como doador com **PC70BM.** As células solares de heterojunção a granel foram fabricadas dando eficiências de conversão de energia superiores a 4%. Estes resultados revelam o potencial de tais polímeros preparados em apenas três etapas a partir de materiais de base acessíveis e comercialmente disponíveis **(Figura 12a).** [35]

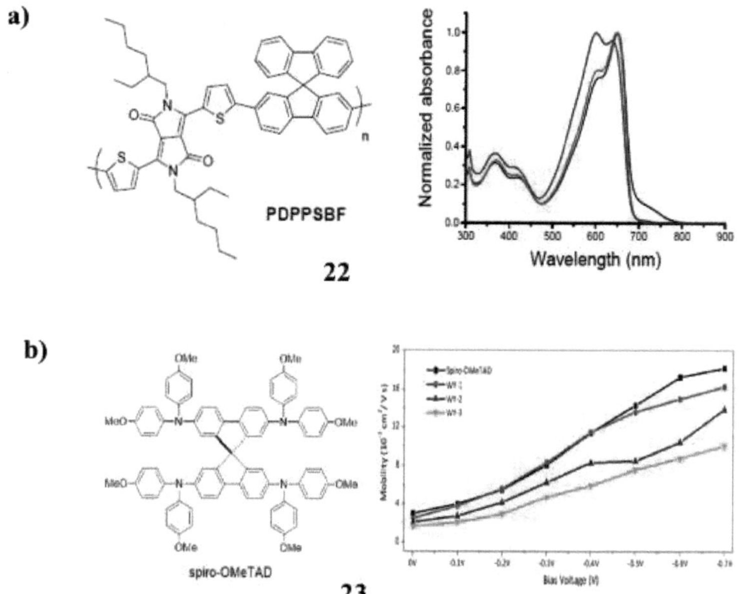

Figura 12. a). Espectros de absorção UV-Vis de polímero poli-(diketopyrrolopyrrole-spirobifluorene) **(PDPPSBF)** **(22)**. b). Material de transporte de furo para células solares perovskite **(23)**.

O spiro-OMeTAD **(23)** com a unidade simétrica spiro-bifluorene dominou a investigação do material de transporte de furos (HTM) para células solares perovskite eficientes (PSCs) apesar da sua baixa condutividade intrínseca de furos e instabilidade. Apresentam excelentes propriedades electroquímicas e condutividades de furos. Além disso, os CPS baseados em WY-1 exibem a maior eficiência de conversão de energia (PCE) de 14,2%, que é comparável ao dispositivo de controlo que emprega spiro-OMeTAD como HTM (14,8%). Estes resultados abrem o caminho para uma maior optimização tanto da concepção molecular como do desempenho do dispositivo dos HTMs baseados em spiro (**Figura 12b**). [36]

Dois aceitadores isoméricos à base de espirobifluoreno (SBF1 e SBF2) **(24)** com grupo de extracção de electrões 1,1-dicanometileno-3-indanona foram concebidos, teoricamente calculados e sintetizados. SBF1 possuía uma estrutura molecular 3D enquanto que SBF2 era mais planar. Estas duas moléculas mostraram excelente estabilidade térmica e solubilidade em solventes orgânicos comuns, forte e ampla absorção na região visível, e nível de energia adequado com o clássico doador de polímeros PBDTTT-C-T. Devido a diferentes estruturas moleculares, SBF1 não planar exibiu fraca interacção intermolecular e agregação molecular numa película fina, enquanto que SBF2 planar mostrou uma absorção mais ampla sugerindo que alguma estrutura ordenada e π-π interacção de empilhamento existia numa película fina. A mobilidade de SBF2 foi uma ordem de magnitude superior à de SBF1, devido também à estrutura molecular coplanar. O PCE dos PSC baseados em PBDTT-C-T:SBF2 era cerca de 50% mais elevado do que o PBDTTT-C-T: PSCs baseados em SBF1. Estes resultados indicaram que moléculas com estruturas coplanares podem exibir melhores propriedades fotovoltaicas (**Figura 13a**). [37] As estruturas orgânicas tridimensionais covalentes altamente conjugadas (COFs 3D) foram construídas com base em núcleos de espirobifluoreno ligados *através de* ligações imine (**SP-3D-COFs**) (**25**) com novos sistemas de conjugação de entrelaçamento. As estruturas cristalinas foram confirmadas por difracção de raios X em pó e simulação estrutural detalhada. Foi formada uma interpenetração de 6 ou 7 vezes, dependendo da estrutura das unidades de ligação. As **SP-3D-COFs** obtidas mostraram porosidade permanente e alta estabilidade térmica. Na aplicação para células solares, a simples dopagem a granel de **SP-3D-COF** às células solares perovskite (PSCs) melhorou substancialmente a eficiência média de conversão de energia (PCE) em 15,9% para **SP-3D-COF 1** e 18,0% para **SP-3D-COF 2 em** comparação com a PSC de referência não dopada, oferecendo ao mesmo tempo uma excelente prevenção de fugas. Com a ajuda de estudos experimentais e computacionais, foi proposto um possível mecanismo de interacção **perovskite-SP-3D-COFs** foto-responsivo para explicar a melhoria do desempenho do CPP após a dopagem de **SP-3D-COF (Figura 13b).** [38]

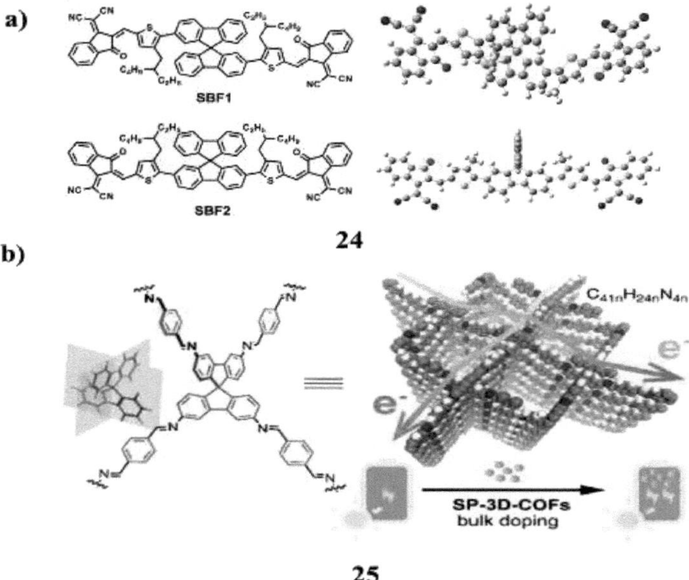

Figura 13. a). Aceitadores à base de espirobifluoreno para células solares poliméricas (**24**). b). Estruturas orgânicas tridimensionais covalentes baseadas em espirobifluoreno para células solares de perovskite (**25**).

5. DENDRIMERS À BASE DE ESPIROBIFLUORENO

Dendrimers fluorescentes de carbazole (**26**) com núcleos de espirobifluoreno foram estudados como modelos de sistemas quimiossensores para a detecção de explosivos nitroaromáticos *através de* têmpera por fluorescência. As medições em solução de volver de popa com uma série de analitos nitrados, incluindo o subproduto 2,4,6-trinitrotolueno (TNT) 2,4-dinitrotolueno (DNT) e o explosivo plástico taggant 2,3-dimetil-2,3-dinitrobutano (DMNB) mostraram um aumento de afinidade e, por conseguinte, de eficiência de têmpera entre a primeira e a segunda geração de dendríbutoluenos. Apesar das diferenças na solução Stern-Volmer constantes, a resposta de têmpera em estado sólido aos analitos foi considerada independente da geração, excepto para o 1,4-dinitrobenzeno (DNB), onde a têmpera diminui com o aumento da geração. Verificou-se que era necessário aquecer as películas para libertar os analitos com a temperatura necessária dependendo da geração da substância a analisar e/ou do densímetro. Estes dois resultados mostram que uma solução simples de análise de Stern-Volmer nem sempre é suficiente para qualificar o desempenho de detecção da película e que o impulso para desenvolver materiais de detecção com alta solução constantes de Stern-Volmer para aplicações reais precisa de ser reconsiderado (**Figura 14a**). [39] Além disso, as três gerações de densímetros tridimensionais (**27**) foram sintetizadas e caracterizadas para estudar o transporte de carga em películas finas amorfas. Os dendrers eram processáveis por solução e a maior mobilidade registada nesta série foi para a primeira geração de dendrers, que tinha uma mobilidade de efeito de campo máxima de 4,1 x 10^{-4} cm^2 V^{-1} s^{-1} . Os díodos também foram fabricados e a mobilidade medida usando CELIV teve a mesma tendência que as medições OFET com uma ligeira diminuição com o aumento da geração. A semelhança da mobilidade do portador de carga apesar dos diferentes tamanhos moleculares dos três dendrers é atribuída ao facto de os dendrons dos dendrers serem intercalados no estado sólido e isto, juntamente com a distribuição orbital molecular, leva a um transporte eficaz de carga intra e inter-dendrimer (**Figura 14b**). [40]

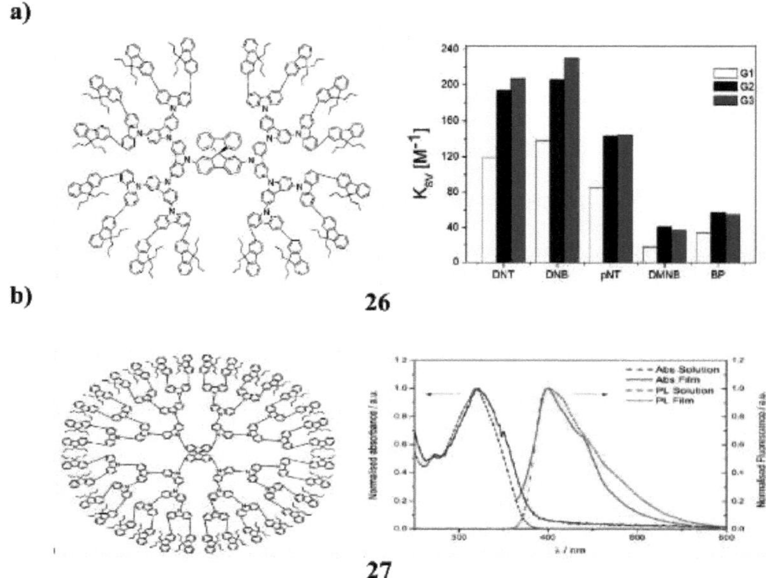

Figura 14. a). Dendrimer de carbazole fluorescente para a detecção de explosivos (**26**). b). Absorvância visível aos raios UV e espectros de fluorescência do dendrímero em soluçâo (**27**).

Foram sintetizados e caracterizados dois dendrdros de cordão espirobifluoreno (**28**) contendo dendros de polifenileno com o carbazol (spiro-Cz) e grupos de superfície de ciano (spiro-CN). Ambos os dendrers mostram boa solubilidade em solventes orgânicos comuns. O Spiro-Cz é amorfo mesmo quando é obtido directamente de solventes orgânicos e foi detectada uma temperatura de transição vítrea extremamente elevada de 332 °C. Estes dendringrimers podem ser reversivelmente oxidados e reduzidos em medições electroquímicas. São fluorescentes azuis com um pequeno deslocamento vermelho na absorção de película sólida e espectros de fluorescência. Estes méritos vantajosos são sugeridos para beneficiar da contribuição combinada do núcleo de espirobifluoreno e dos dendros de polifenileno volumosos. Foram utilizados como camada emissora para fabricar díodos orgânicos emissores de luz (OLEDs).

Foi obtida electroluminescência azul profunda para ambos os dispositivos de dendrimers (**Figura 15a**). [41] As duas séries de dendrimers carbazole (**29**) para a detecção de analitos explosivos nitroaromáticos e nitro alifáticos, que variam em termos de geração, núcleo, forma, e número de cromóforos. A caracterização fotofísica das duas séries indica que os dendrimers de primeira geração comportam-se como cromóforos únicos com o estado excitado localizado num cromóforo que inclui o núcleo. O aumento da geração aumenta o número de cromóforos por dendrómetro, mas as interacções intramoleculares entre os dendros resultam na formação de estados excitados semelhantes aos do excitado. Embora tais estados reduzam o PLQY, os seus longos períodos de vida são benéficos para a detecção. Apesar das semelhanças estruturais das duas séries de dendrdros, o aumento da geração resulta em tendências opostas para as constantes Stern-Volmer dos analitos nitroaromáticos em solução: os dendrimers $Fl(Gx)_2$ mais planares com flúor mostram uma diminuição gradual no desempenho de detecção enquanto que os dendrimers $SBF(Gx)_4$ mais tridimensionais mostram um aumento. As medições com resolução temporal indicam que as diferenças nas constantes de Stern-Volmer são devidas a grandes alterações no nível de têmpera estática, que depende da localização do cromóforo emissivo em relação ao local de ligação da substância a analisar. As diferenças nos componentes estáticos e de colisão, que são atenuadas para a série $Fl(Gx)_2$, com cada um dos analitos testados, sugerem que pode ser possível discriminar entre eles com base no rácio relativo dos componentes de colisão e estáticos, uma propriedade que poderia potencialmente ser aproveitada para alcançar a selectividade (**Figura 15b**). [42]

a)

b)

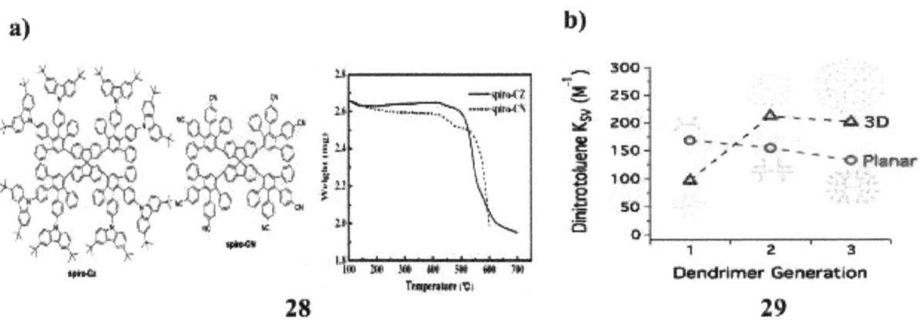

28

29

29

Figura 15. a). Termogramas TGA para dendrimers spiro-Cz e spiro-CN (**28**). b). Dendrimers com fotoluminescência tipo excimer para a detecção de explosivos (**29**).

Os novos dendrers CVSF (**30**) com os dendros benziloxi foram facilmente sintetizados e caracterizados. Os estudos PL dos dendros demonstraram que a uma maior densidade dos dendros benziloxi, as transições vibrónicas sem características foram melhoradas para exibir menos emissão de excímeros. A semelhança da solução e os espectros de emissão sólida de um dendrimer maior revelaram a supressão de agregações moleculares no filme sólido, o que foi atribuído à presença de grupos periféricos volumosos de dendros benziloxídicos. A emissão de luz dos dispositivos LED fabricados com o dendrer, foi principalmente a partir dos componentes que continham o material estrutural de grande dimensão, ou seja, o núcleo emissor de azul. Isto é atribuído à prevenção da migração de excitões e armadilhas dos dendros de benziloxi para as moitas do núcleo. A nova arquitectura molecular do dendrimer rotulado de espirobifuoreno com um dendron benziloxi e uma unidade de núcleo suprime uma emissão indesejada de longo comprimento de onda e conduz a uma emissão intrínseca estabilizada (**Figura 14a**). [43] Além disso, a série de novos materiais de dendrão (**31**) com características AIETADF foram sintetizados e estudados através do ajuste do número de dendros espirobifluorenos ligados por cadeia alquídica. Com o número crescente de dendros flexíveis, 5CzBN-PSP exibiram tanto características TADF como AIE significativas. Mostrou melhor resistência ao álcool isopropílico do que o 5CzBN-SSP e o 5CzBN-DSP. O dispositivo 5CzBNPSP atingiu uma eficiência quântica externa máxima de 20,1%, eficiência de corrente e potência de 58,7 cd A^{-1} e 46,2 lm W^{-1} , que é mais eficiente do que o desempenho dos OLEDs totalmente processados com base nos materiais TADF tradicionais. Os números das cadeias alquílicas ligadas ao espirobifluoreno aos núcleos TADF podem transformar os fluoróforos comuns, moléculas ACQ, em novas moléculas AIE. Emissores AIE-TADF com desempenho eficiente em aplicações optoelectrónicas (**Figura 16b**). [44]

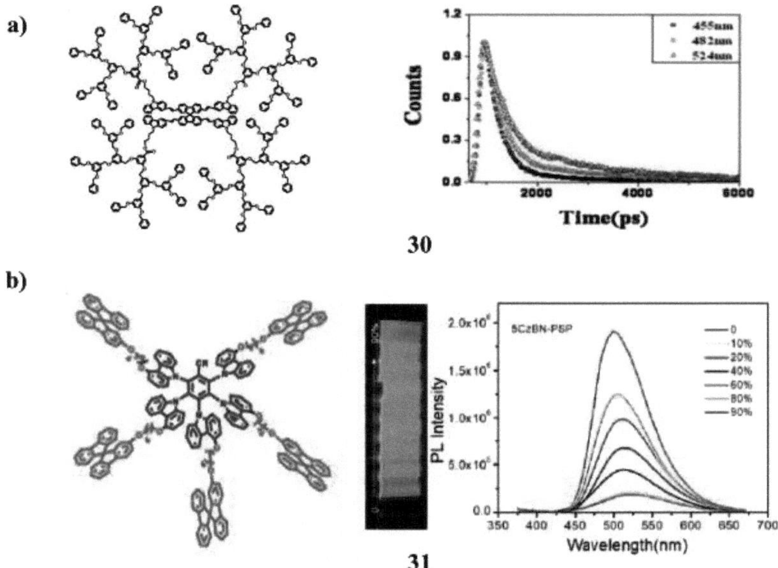

Figura 16. a). Perfis de sinal PL resolvidos no tempo de **30** em estado de solução. b). Dendrons flexíveis para OLEDs não dopados altamente eficientes processados com solução (**31**).

Dendrimers fluorescentes de carbazole (**32**) que exibem uma forte ligação com compostos nitroaromáticos acompanhados de fotoluminescência (PL), tornando-os materiais de detecção atraentes para a detecção de explosivos como o 2,4,6-trinitrotolueno (TNT). A absorção e libertação de vapores do (deuterado) TNT analógico 4-nitrotolueno (pNT) a partir de filmes finos dos dendrers foram estudados com uma combinação de reflectometria de neutrões relacionados com o tempo e espectroscopia de PL. Quando saturado com pNT, o PL das películas foi completamente extinguido e não pôde ser recuperado com azoto fluente à temperatura ambiente, mas apenas após aquecimento a 40-80 °C. Embora a maioria do pNT absorvido pudesse ser removida com este método, verificou-se que as películas recuperadas continham ainda uma concentração residual de pNT de ~0,1 moléculas por nanómetro cúbico.

No entanto, a proporção de PL recuperada aumentou com a exibição do densímetro de terceira geração, próximo da recuperação total, apesar da presença de pNT residual. Este resultado é atribuído a uma combinação de dois efeitos. Primeiro, os filmes dendrimer apresentam uma gama de sítios de ligação para moléculas nitroaromáticas com os sítios de ligação mais fortes a sobreviverem ao processo de recuperação térmica. Em segundo lugar, há uma grande diminuição do coeficiente de difusão de exciton com a geração de dendrimer, impedindo a migração da excitação para o restante pNT ligado (**Figura 17a**). [45-65] A detecção por fluorescência com semicondutores orgânicos (**33**) é um método poderoso para a detecção de uma vasta gama de analitos, incluindo explosivos, armas químicas, e drogas. A difusão de um analito numa película fina de semicondutor orgânico e a sua subsequente interacção com o cromóforo são factores chave que regem o desempenho de detecção de um quimiosensor. Neste estudo, o comportamento de difusão de um analito analógico explosivo num filme sensor de um dendrimer conjugado foi investigado utilizando uma microbalança de cristal de quartzo (QCM) e correlacionado com medições de reflectividade de neutrões. Os conhecimentos mecanicistas da sorção *para* nitrotolueno (pNT) nas películas de diferentes espessuras do dendrer de primeira geração com grupos de superfície fluorenil, dendros de carbazole, e um núcleo de espirobifluoreno foram estudados e interpretados em termos da cinética e termodinâmica subjacentes. As medidas de sorção sugerem que o processo de difusão do vapor pNT para os filmes de dendrdros é Super Case II, que envolve o inchaço do filme. O inchaço da película foi confirmado por medições de reflectometria de neutrões, que também mostraram uma distribuição uniforme das moléculas de pNT ao longo de toda a espessura da película. A barreira energética de activação e a alteração da energia livre de Gibbs no processo de adsorção foram calculadas a partir das respostas de QCM. Verificou-se que o processo de sorção era termodinamicamente (não cinética) controlado e independente da espessura da película. As relações estrutura-propriedade que regem o desempenho dos quimiosensores orgânicos baseados em fluorescência de semicondutores (**Figura 17b**). [66-75]

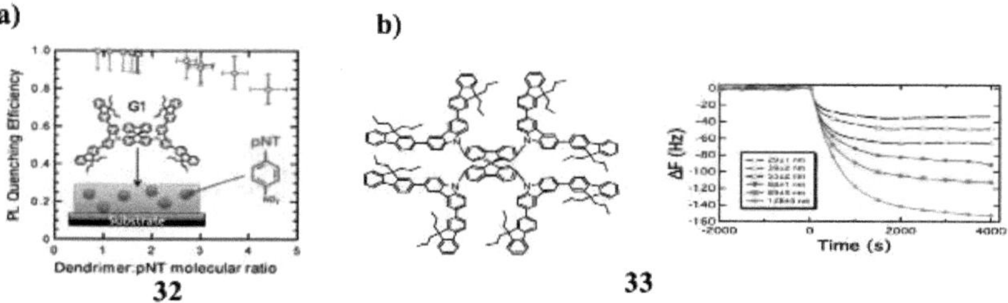

Figura 17. a). Eficiência de têmpera por fluorescência de vapores nitroaromáticos em filmes finos de carbazole dendrimer fluorescente (**32**). b). Difusão de vapores nitroaromáticos em filmes fluorescentes de dendrimer para detecção de explosivos (**33**).

6. CONCLUSÃO

Em resumo, as SBFs surgiram nos últimos anos como uma fascinante e promissora OSC, principalmente para hospedar fósforos verdes e azuis em PhOLEDs, mas também para outras aplicações, tais como células solares. Estamos convencidos de que estas moléculas podem tornar-se as suas contrapartes substituídas, uma importante família de OSCs para a electrónica orgânica.

REFERÊNCIAS

[1]. Y. Bai, L. Wilbraham, H. Gao, R. Clowes, H. Yang, M. A. Zwijnenburg, A. I. Cooper, R. S. Sprick, Photocatalytic polymers of intrinsic microporosity for hydrogen production from water, J. Mater. Chem. A, 9 (2021) 19958-19964.

[2]. S. Chen, H. Xu, Materiais electroluminescentes em direcção à região quaseultravioleta, Chem. Soc. Rev., 50 (2021) 8639-8668.

[3]. C. Poriel, J. Rault-Berthelot, Structure-property relationship of 4-substituted-spirobifluorenes as host for phosphorescent organic light-emitting diodes: an overview, J. Mater. Química. C, 5 (2017) 3869.

[4]. X. Yang, X. Xu e G. Zhou, Recentes avanços dos emissores para díodos emissores de luz orgânica azul profunda de alto desempenho, J. Mater. Chem. C, 3 (2015) 913.

[5]. L. J. Sicard, H. C. Li, Q. Wang, X. Y. Liu, O. Jeannin, J. R. Berthelot, L. S. Liao, Z. Q. Jiang e C. Poriel, C1-Linked Spirobifluorene Dimers: Pure Hydrocarbon Hosts for High-Performance Blue Phosphorescent OLEDs, Angew. Quim., Int. Ed., 58 (2019) 3848.

[6]. N. G. Park, Perovskite células solares: uma tecnologia fotovoltaica emergente, Mater. Hoje, 18 (2015) 65.

[7]. N. Berton, R. Nakar, B. Schmaltz, B. Schmaltz, DMPA - contendo materiais de transporte de furos à base de carbazol para células solares perovskite: Avanços e perspectivas recentes, Synth. Met., 252, (2019) 91-106.

[8]. J. Yi, Y. Wang, Q. Luo, Y. Lin, H. Tan, H. Wang, C. Q. Ma, A 9,9′-spirobi[*9H-fluoreno*]-diimida de perileno incorporado e a sua aplicação em células solares orgânicas como um não-fullereno, Chem. Commun., 52 (2016) 1649-1652.

[9]. K. C. Song, R. Singh, J. Lee, D. H. Sin, H. Lee, K. Cho, K. Cho, aceitadores de pequenas moléculas em forma de hélice contendo um núcleo 9,9′-spirobifluorene com diimidas de perileno imide-linked para células solares orgânicas não-fullerenas, J. Mater. Quimio. C, 45 (2016) 10610-10615.

[10]. X.-F. Wu, W. F. Fu, Z. Xu, M. Shi, F. Liu, H. Z. Chen, J. H. Wan, T. P. Russell, Spiro Linkage as an Alternative Strategy for Promising Nonfullerene Acceptors in Organic Solar Cells, Adv. Funct. Mater., 25 (2015) 5954.

[11]. S. Li, W. Liu, M. Shi, J. Mai, T. K. Lau, J. Wan, X. Lu, C. Z. Li, H. Chen, A spirobifluorene e diketopyrrolopyrrole moieties não-fullerene aceito para células solares poliméricas eficientes e termicamente estáveis com alta tensão de circuito aberto, Energy Environ. Sci., 9 (2016) 604-610.

[12]. Y. Hu, D. Wang, M. Baumgarten, D. Schollmeyer, K. Mullen, A. Narita, Spiro-fused *bis-hexa-peri-hexabenzocoronene*, Chem. Commun., 54 (2018) 13575-13578.

[13]. S. Kudruk, E. Villani, F. Polo, S. Lamping, M. Korsgen, H. F. Arlinghaus, F. Paolucci, B. J. Ravoo, G. Valenti, F. Rizzo, Electrochemiluminescência em estado sólido a partir de monocamadas homogéneas e padronizadas de espirobifluoreno bifuncional, Chem. Commun., 54 (2018), 4999-5002.

[14].   J. Jalkh, S. Thiery, J. F. Bergamini, P. Hapiot, C. Poriel, Y. R. Leroux, Influence of Fluorene and Spirobifluorene Regioisomerism on the Structure, Organization, and Permeation Properties of Monolayers, J. Phys. Chem. C, 121 (2017) 14228.

[15].   C. Gutz, R. Hovorka, N. Struch, J. Bunzen, G. M. Eppler, Z. W. Qu, S. Grimme, F. Topic, K. Rissanen, M. Cetina, M. Engeser, e A. Lutzen, Enantiomerically Pure Trinuclear Helicates via Diastereoselective Self-Assembly and Characterization of Their Redox Chemistry, J. Am. Chem. Soc. 136 (2014) 11830-11838.

[16].   F. Schlüter, B. J. Ravoo, F. Rizzo, Auto-montagem de superfícies multicamadas de corante à base de espirobifluoreno altamente fluorescente para reconhecimento de proteínas sem rótulos. J. Mater. Chem. B, 7 (2019) 4933-4939.

[17].   N. Tanaka, N. Mizoshita, Y. Maegawa, T. Tani, S. Inagaki, Y. R. Jorapur, T. Shimada. Síntese de um precursor espirobifluorénico para organosilica mesoporosa periódica. *Química. Commun.*, 47 (2011) 5025-5027.

[18].   R. Hovorka, S. Hytteballe, T. Piehler, G. M. Eppler, F. Topić, K. Rissanen, M. Engeser, A. Lützen, Self-assembly of metallosupramolecular rhombi from chiral concave 9,9'-spirobifluorene-derived bis(pyridine) ligands. Beilstein J. Org. Chem.10 (2014) 432-441.

[19].   X. A. Jeanbourquin, A. Rahmanudin, X. Yu, M. Johnson, N. Guijarro, L. Yao, K. Sivula, Amorphous Ternary Charge-Cascade Molecules for Bulk Heterojunction Photovoltaics. ACS Appl. Mater. Interfaces. 33 (2017) 27825-27831.

[20]. S. Kudruk, E. Villani, F. Polo, S. Lamping, M. Korsgen, H. F. Arlinghaus, F. Paolucci, B. J. Ravoo, G. Valenti, F. Rizzo. Electroquímiluminescência em estado sólido a partir de monocamadas homogéneas e padronizadas de espirobifluoreno bifuncional. Chem. Commun., 54 (2018) 4999-5002.

[21]. L. Pop, F. Dumitru, N. D. Hadade, Y. M. Legrand, A. V. Lee, M. Barboiu, I. Grosu, Exclusive Hydrophobic Self-Assembly of Adaptive Solid-State Networks of Octasubstituted 9,9'-Spirobifluorenes. Org. Lett. 17 (2015) 3494-3497.

[22]. Y. Y. Liu, X. C. Li, S. Wang, T. Cheng, H. Yang, C. Liu, Y. Gong, W. Y. Lai, W. Huang. Síntese auto-templada de esferas ocas uniformes baseadas em estruturas orgânicas tridimensionais covalentes altamente conjugadas, Nat. Commun., 11 (2020) 5561.

[23]. C. Wei, J. Wu, X. Feng, Z. Yang, J. Zhang, e H. Ji, A spirobifluorene-based water-soluble imidazolium polymer for luminescence sensing. Novo J. Chem., 45 (2021) 13021-13028.

[24]. K. Silpcharu, S. Soonthonhut, M. Sukwattanasinitt e P. Rashatasakhon, Sensor Fluorescente para Cobre(II) e Iões Cianeto através do Mecanismo de Completação-Decomplexação com Di(bissulfonamido)spirobifluorene. ACS Omega, 25 (2021), 16696-1670.

[25]. X. Fang , L. Wang , X. He, J. Xu , Z. Duan, A 3D Calcium Spirobifluorene Metal-Organic Framework: Transformação de Cristal Único em Cristal Único e Detecção de Tolueno por um Sensor de Microbalança de Cristal de Quartzo. Inorg. Quimio. 57 (2018) 1689-1692.

[26].   J. Wan, W. Zhang, H. Guo, J. J. Liang, D. Huang, H. Xiao, Duas sondas fluorescentes à base de espirobifluoreno com propriedades de emissão induzidas pela agregação: síntese e aplicação na detecção de Zn^{2+} e imagem celular. J. Mater. Chem. C, 7 (2019) 2240-2249.

[27].   Y. Liu, C. Wu, Q. Sun, F. Hu, Q. Pan, J. Sun, Y. Jin, Z. Li, W. Zhang, Y. Zhao, Y. Zhao, Spirobifluorene-Based Three-Dimensional Covalent Organic Frameworks with Rigid Topological Channels as Efficient Heterogeneous Catalyst, CCS Chem. 2 (2020) 2418-2427.

[28].   A. Lv, M. Wang, Y. Wang, Z. Bo, L. Chi, Investigation into the Sensing Process of High-Performance H_2 S Sensores baseados em transístores de polímeros. Química. Eur. J. 22 (2016) 3654 – 3659.

[29].   T. Geng, G. Chen, L. Ma, C. Zhang, W. Zhang, H. Xu, The spirobifluorene-based fluorescent conjugated microporous polymers for reversible adsorbing iodine, fluorescent sensing iodine and nitroaromatic compounds, Eur. Polímero. J, 115 (2019) 37-44.

[30].   K. Silpcharu, P. Samang, K. Chansaenpak, M. Sukwattanasinitt, P. Rashatasakhon, Selective fluorescent sensors for gold(III) ion from N-picolyl sulfonamide spirobifluorene derivatives. J. Photochem Photobiol A Chem., 402 (2020) 112823.

[31].   S. Li, D. Huang, J. Wan, S. Yan, J. Jiang, H. Xiao, Uma sonda fluorescente de dois fotões derivada do espirobifluoreno para detecção rápida de hipoclorito e iões de mercúrio. Detecção. Actuadores B: Chem, 275 (2018) 101-109.

[32]. S. A. Ikbal, Y. Sakata e S. Akine, Um receptor bis(salen) de zinco(II) à base de espirobifluoreno quiral para a ligação altamente enantioselectiva dos carboxilatos quirais. Dalton Trans., 50 (2021) 4119.

[33]. M. Bolognesi, D. Gedefaw, M. Cavazzini, M. Catellani, M. R. Andersson, M. Muccini, E. K. M. Seri. Modificação sidechain em aceitadores moleculares à base de PDI-spirobifluoreno e o seu impacto no desempenho de células solares orgânicas. Novo. J. Chem., 42 (2018) 18633.

[34]. S. Li, W. Liu, M. Shi, J. Mai, T. K. Lau, J. Wan, X. Lu, C. Z. Li, H. Chen, A spirobifluorene e diketopyrrolopyrrole moieties baseadas em não-fullereno para células solares poliméricas eficientes e termicamente estáveis com alta tensão de circuito aberto. Ambiente energético. Sci., 9 (2016) 604-610.

[35]. P. Josse, S. Dayneko, Y. Zhang, S. Dabos-Seignon, S. Zhang, P. Blanchard, G. C. W. C. Cabanetos, Direct (Hetero)Arylation Polimerization of a Spirobifluorene and a Dithienyl-Diketopyrrolopyrrole Derivative: Novos Polímeros Doadores para Células Solares Orgânicas. Moléculas, 23 (2018) 962.

[36]. Y. Wang, T. S. Su, H. Y. Tsai, T. C. Wei, Y. Chi, Spiro-Phenylpyrazole/Fluorene as hole-transporting Material for Perovskite Solar Cells, Rep. Sci., 7 (2017) 7859.

[37]. J. Wang, S. Dai, Y. Yao, P. Cheng, Y. Lin, X. Zhan, aceitadores à base de espirobifluoreno para células solares poliméricas: Efeito dos isómeros. Dyes Pigm., 123 (2015) 16-25.

[38].   C. Wu, Y. Liu, H. Liu, C. Duan, Q. Pan, J. Zhu, F. Hu, X. Ma, T. Jiu, Z. Lia, Y. Zhao, Highly Conjugated Three-Dimensional Covalent Organic Frameworks Based on Spirobifluorene for Perovskite Solar Cell Enhancement, J. Am. Chem. Soc. 140 (2018) 10016-10024.

[39].   G. Tang, S. S. Y. Chen, P. E. Shaw, K. Hegedus, X. Wang, P. L. Burn, P. Meredith. Dendrimers de carbazole fluorescente para a detecção de explosivos, Polym. Chem., 2 (2011) 2360-2368.

[40].   K. Mutkins, S. S. Y. Chen, A. Pivrikas, M. Aljada, P. L. Burn, P. Meredith, B. J. Powell, Three-dimensional carbazole-based dendrimers: modelos de estruturas para o estudo do transporte de cargas em películas semicondutoras orgânicas. Polímeros. Chem., 4 (2013) 916-925.

[41].   H. Ren, Q. Tao, Z. Gao, D. Liu, Síntese e propriedades dos novos dendrimers espirobifluorénicos. Dyes Pigm., 94 (2012) 136-142.

[42].   P. E. Shaw, S. S. Y. Chen, X. Wang, P. L. Burn, P. Meredith, P. Meredith, Dendrimers de Alta Geração com Fotoluminescência de Tipo Excimer para a Detecção de Explosivos. J. Phys. Chem. C., 117 (2013) 5328-5337.

[43].   H. S. Kim, M. Ju Cho, K. M. Jung, Y. J. Yu, Y. W. Park, J. Jin, D. H. Choi, Luminescence Properties of Soluble 2,2',7, 7'-Tetrakis(2-(9-hexyl-9H-carbazol-3-yl)-vinyl)-9, 9'-spirobifluorene-Labeled Dendrimers: Fotoluminescência e Electroluminescência. J. Poli. Sci. Parte A: Poli. Chem., 46 (2008) 501-514.

[44]. D. Liu, J. Y. Wei, W. W. Tian, W. Jiang, Y. Ming Sun, Z. Zhao, B. Z. Tang, Endowing TADF Luminophors with AIE Properties Though Adjusting Flexible Dendrons for Highly Efficient Solution-Processed Nondoped OLEDs. Quimio. Sci., 11 (2020) 7194-7203.

[45]. Paul E. Shaw, Hamish Cavaye, Simon S. Y. Chen, Michael James, Ian R. Gentlea, e Paul L. Burn. A eficácia de ligação e de fluorescência dos vapores nitroaromáticos (explosivos) em filmes finos de carbazole dendrimer fluorescentes. Química Física. Química. Phys., 15 (2013) 9845-9853.

[46]. M. A. Ali, Simon. S. Y. Chen, H. Cavaye, Arthur, G. R. Smith, P. L. Burn, I. R. Gentle, P. Meredith, P. E. Shaw. Difusão de Vapores Nitroaromáticos (Explosivos) em Filmes Dendrimer Fluorescentes para Detecção de Explosivos. Sens. Actuadores B Chem. 210 (2015) 550-557.

[47]. J. Zhuang, W. Su, W. Li, Y. Zhou, Q. Shen, M. Zhou, Efeito de configuração de novos materiais hospedeiros à base de triazol/carbazol bipolar sobre o desempenho de dispositivos OLED fosforescentes. Org. Electron. 13 (2012) 2210-2219.

[48]. D. Chen, L. Han, W. Chen, Z. Zhang, S. Zhang, B. Yang, Y. Wang, Bis(2-(benzo[d]tiazol-2-yl)-5-fluorofenolato) berílio: Um material de transporte de electrões de alto desempenho para dispositivos emissores de luz orgânicos fosforescentes. RSC Adv. 6 (2016) 5008-5015.

[49]. O. Usluer, S. Demic, D. A. Egbe, E. Birckner, C. Tozlu, A. Pivrikas, N. S. Sariciftci, Fluorene-Carbazole Dendrimers: Propriedades de Síntese, Térmica, Fotofísica e Dispositivos Electroluminescentes. Adv. Diversos. Mat. 20 (2010) 4152-4161.

[50]. N. Prachumrak, S. Pansay, S. Namuangruk, T. Kaewin, S. Jungsuttiwong, T. Sudyoadsuk, V. Promarak, Síntese e Caracterização de Dendrimers de Carbazole como Material de Transporte de Alta Tg Amorfa Processado para Dispositivos Electroluminescentes. Eur. J. Org. Química. 23 (2013), 6619-6628.

[51]. P. Moonsin, N. Prachumrak, R. Rattanawan, T. Keawin, S. Jungsuttiwong, T. Sudyoadsuk, V. Promarak, Carbazole dendronized triphenylamines as solution processed high Tg amorphous hole-transporting materials for organic electroluminescent devices. Quimio. Comun. 48 (2012) 3382-3384.

[52]. A. M. Thaengthong, S. Saengsuwan, S. Jungsuttiwong, T. Keawin, T. Sudyoadsuk, V. Promarak, Síntese e caracterização de materiais de transporte de furos amorfos à base de carbazol de Tg elevado para dispositivos orgânicos emissores de luz. Tetrahedron Lett. 52 (2011), 4749-4752.

[53]. Y. J. Cho, J. Y. Lee, derivado de amina aromática termicamente estável com núcleo duplo espirobifluoreno simetricamente substituído como material de transporte de furos para díodos emissores de luz orgânicos fosforescentes verdes. Filmes sólidos finos. 522 (2012) 415-419.

[54]. Z. Zheng, Q. Dong, L. Gou, J. H. Su, J. Huang, Novel hole transport materials based on N,N0-disubstituteddihidrophenazine derivatives for electroluminescent diodes. J. Mater. Química. C. 2 (2014) 9858-9865.

[55].   D. H. Huh, G. W. Kim, G. H. Kim, C. Kulshreshtha, J. H. Kwon, High hole mobility hole transport material for organic light-emitting devices. Synth. Met. 180 (2013) 79-84.

[56].   Z. Chu, D. Wang, C. Zhang, F. Wang, H. Wu, Z. Lv, D. Zou, Síntese de derivados de spiro [fluorene-9,90-xanteno] e sua aplicação como materiais de transporte de furos para dispositivos orgânicos emissores de luz. Síntese. Met. 162 (2012) 614-620.

[57].   Y. Shirota, H. Kageyama, Carregador de transporte de materiais moleculares e suas aplicações em dispositivos. Chem. Rev. 107 (2007) 953-1010.

[58].   Q. Zhang, J. Chen, Y. Cheng, L. Wang, D. Ma, X. Jing, F. Wang, Novel materiais de transporte de furos baseados em 1, 4-bis(carbazolyl) benzeno para dispositivos orgânicos emissores de luz. J. Mater. Chem. 14 (2004) 895-900.

[59].   J. Li, C. Ma, J. Tang, C. S. Lee, S. Lee, Novel starburst molecule as a hole injecting and transporting material for organic light-emitting devices. Química. Mater. 17 (2005) 615-619.

[60].   M. Kirkus, J. Simokaitiene, J. V. Grazulevicius, V. Jankauskas, Phenyl-, carbazolyl- e fluorenyl- derivados substituídos de indolo[3,2-b]carbazole como materiais de formação de furos de vidro. Sintetizador. Met. 160 (2010) 750-755.

[61].   Q. X. Tong, S. L. Lai, M. Y. Chan, K. H. Lai, J. X. Tang, H. L. Kwong, S. T. Lee, High Tg triphenylamine-based starburst-transporting material para dispositivos orgânicos emissores de luz. Química. Mater. 19 (2007) 5851-5855.

[62]. S. Tao, L. Li, J. Yu, Y. Jiang, Y. Zhou, C. S. Lee, O. Kwon, O. Kwon, Molécula Bipolar como um excelente transportador de furos para dispositivos emissores de luz orgânica. Química. Mater. 21 (2009) 1284-1287.

[63]. Q. He, H. Lin, Y. Weng, B. Zhang, Z. Wang, G. Lei, F. Bai, A Hole-Transporting Material with Controllable Morphology Containing Binaphthyl and Triphenylamine Chromophores. Adv. Diversão. Mater. 16 (2006) 1343-1348.

[64]. T. P. Saragi, T. Fuhrmann-Lieker, J. Salbeck, Comparação do transporte de carga em películas finas de compostos espiro-ligados e os seus correspondentes compostos progenitores. Adv. Diversão. Mater. 16 (2006) 966-974.

[65]. Z. Jiang, Z. Liu, C. Yang, C. Zhong, J. Qin, G. Yu, Y. Liu, Oligómeros Multifuncionais à base de Flúor com Triarilamina Espiro-Annulada Novel: Electroluminescência de Azul Profundo Eficiente e Estável, Injeção de Buraco Bom, e Transporte de Materiais com Tg Muito Alto. Adv. Diversão. Mate. 19 (2009) 3987-3995.

[66]. Z. Li, Z. Wu, W. Fu, D. Wang, P. Liu, B. Jiao, Y. Hao, Stable amorphous bis(diarylamino) bifenyl derivatives as hole-transporting materials in OLEDs. Electrão. Mat. Lett. 9 (2013) 655-661.

[67]. L. Long, M. Zhang, S. Xu, X. Zhou, X. Gao, Y. Shang, B. Wei, Cyclic arylamines funcionando como materiais avançados de transporte e emissão de furos. Sintetizador. Met. 162 (2012) 448-452.

[68].   Y. Zou, T. Ye, D. Ma, J. Qin, C. Yang, hexakis (9,9-dihexil-9H-fluoren-2-yl) em forma de estrela, com tampas de carbazol e difenilamina: Materiais de transporte com furos de Tg elevado para dispositivos orgânicos emissores de luz. J. Mater. Química. 22 (2012) 23485-23491.

[69].   S. Thiery, D. Tondelier, C. Declairieux, G. Seo, B. Geffroy, O. Jeannin, C. Poriel, 9,90-Spirobifluorene e 4-fenil-9,90-spirobifluorene: Pequenas moléculas de hidrocarbonetos puros como hospedeiros para PhOLEDs verdes e azuis eficientes. J. Mater. Químico. C 2 (2014) 4156-4166.

[70].   C. Quinton, S. Thiery, O. Jeannin, D. Tondelier, B. Geffroy, E. Jacques, C. Poriel, 4-substituted spirobifluorenes ricos em electrões: Rumo a uma nova família de materiais hospedeiros de alta energia triplet para OLEDs verde e azul céu fosforescentes de alta eficiência. ACS Appl. Mater. Interfaces 9 (2017) 6194-6206.

[71].   C. Li, M. Zhang, X. Chen, Q. Li, Fluorinated 9,9'-spirobifluorene derivatives as host material for highly efficient blue fluorescent OLED. Opt. Mater. Express 6 (2016) 2545-2553.

[72].   T. P. Saragi, T. Spehr, A. Siebert, T. Fuhrmann-Lieker, J. Salbeck, compostos Spiro para optoelectrónica orgânica. Chem. Rev. 107 (2007) 1011-1065.

[73].   M. Ramar, S. S. Rawat, R. Srivastava, S. K. Dhawan, C. K.; Suman, Impact of Cross Linking Chain of N,N0-bis(napthalen-|-y|)-N,N0-bis(phenyl)-benzidine on Temperature dependent Transport Properties. Adv. Mat. Lett. 7 (2016) 783-789.

[74]. Q. Wang, B. Sun, H. Aziz, Exciton-Polaron-Induced Aggregation of Wide-Bandgap Materials and its Implication on the Electroluminescence Stability of Phosphorescent Organic Light-Emitting Devices. Adv. Diversos. Mater. 24 (2014) 2975-2985.

[75]. C. M. Cardona, W. Li, A. E. Kaifer, D. Stockdale, G. C. Bazan, Considerações electroquímicas para determinar os níveis de energia orbital de fronteira absoluta de polímeros conjugados para aplicações em células solares. Adv. Mater. 23 (2011) 2367-2371.

I want morebooks!

Buy your books fast and straightforward online - at one of world's fastest growing online book stores! Environmentally sound due to Print-on-Demand technologies.

Buy your books online at
www.morebooks.shop

Compre os seus livros mais rápido e diretamente na internet, em uma das livrarias on-line com o maior crescimento no mundo! Produção que protege o meio ambiente através das tecnologias de impressão sob demanda.

Compre os seus livros on-line em
www.morebooks.shop

Printed by Books on Demand GmbH, Norderstedt / Germany